教师健康周历

学校 ____________________

姓名 ____________________

第　学期第　周　月　日 – 月　日

月　日 （星期一）	
月　日 （星期二）	
月　日 （星期三）	
月　日 （星期四）	
月　日 （星期五）	

手穴按摩——活化大脑·调整身心

增强记忆力！

▼要使大脑颞叶更有效地形成记忆，脑部的血运要好，这是非常重要的。

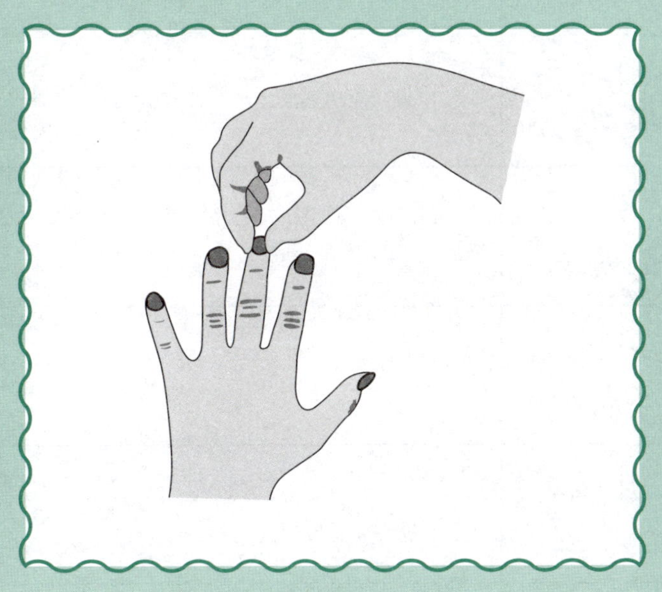

取穴及按压方法

于中指指甲根部、靠近食指侧取穴。用另一只手的拇指和食指夹住中指指甲的两侧按压。

第　学期第　周　月　日－月　日

月　日 （星期一）	
月　日 （星期二）	
月　日 （星期三）	
月　日 （星期四）	
月　日 （星期五）	

手穴按摩——活化大脑·调整身心

抗衰老！

▼老化的主要原因是体内堆积的自由基。按压穴位可以促进自由基的代谢。

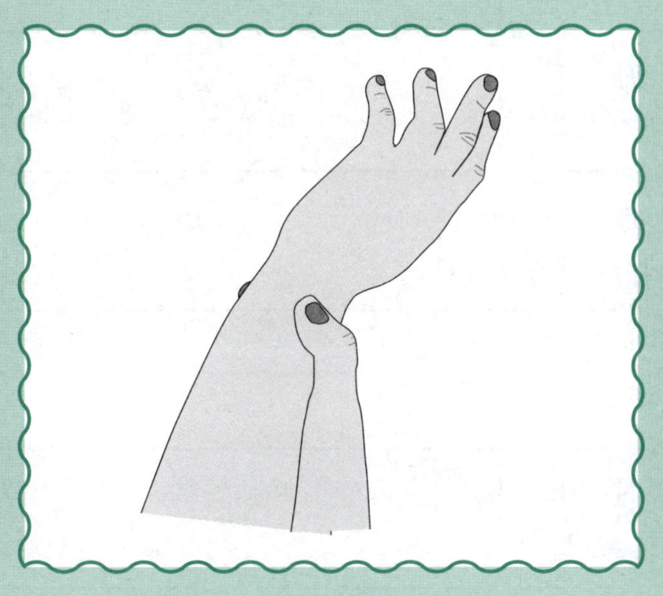

取穴及按压方法

穴位位于手腕背侧下方的小指侧，尺骨小头（凸起的骨头）桡侧凹陷处。用拇指指腹按压。

第 学期第 周 月 日－月 日

月 日（星期一）	
月 日（星期二）	
月 日（星期三）	
月 日（星期四）	
月 日（星期五）	

手穴按摩——活化大脑·调整身心

提高免疫力！

▼提高免疫力的代表穴位。适度的免疫力能有效预防疾病。

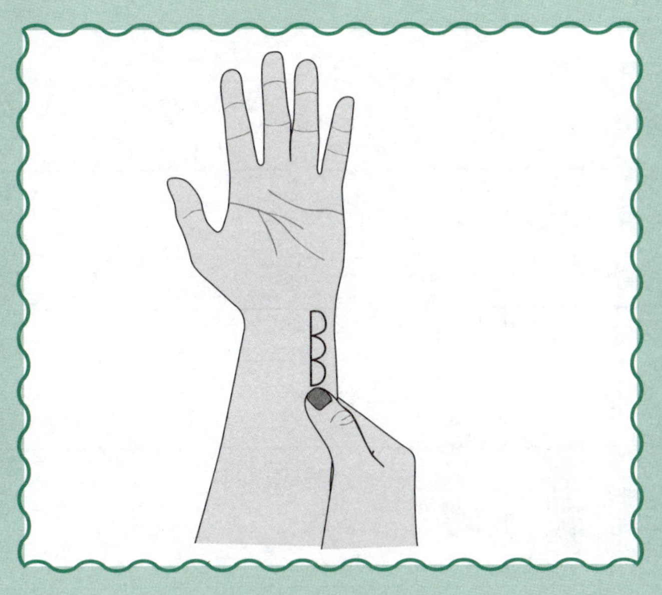

取穴及按压方法

掌心向上，手腕横纹上三横指宽处，靠近小指侧取穴。按摩时用拇指沿骨骼的内侧缘下压。

第　学期第　周　月　日－月　日

月　日 （星期一）	
月　日 （星期二）	
月　日 （星期三）	
月　日 （星期四）	
月　日 （星期五）	

手穴按摩——活化大脑·调整身心

重塑手臂线条！

▼按摩穴位，促进肌肉收缩，燃烧多余的脂肪，消除肉嘟嘟的“蝴蝶袖”。

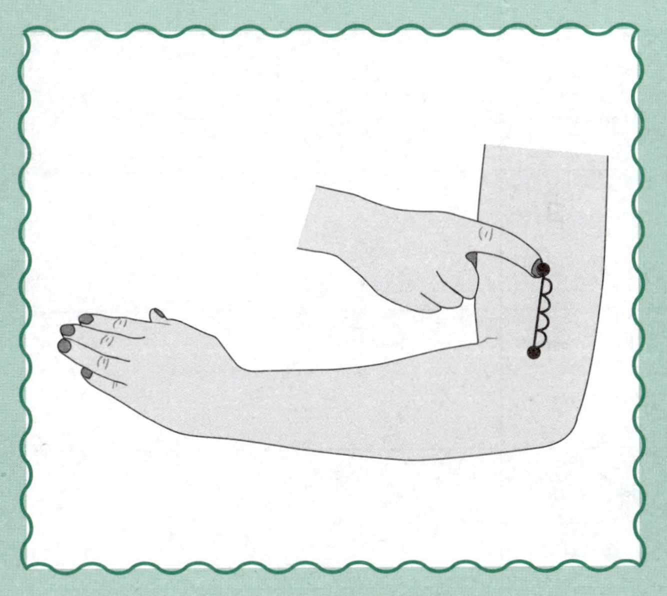

取穴及按压方法

穴位在手臂外侧，从肘关节横纹向上约四横指宽处。垂直皮肤按压。

第　学期第　周　月　日 — 月　日

月　日 （星期一）	
月　日 （星期二）	
月　日 （星期三）	
月　日 （星期四）	
月　日 （星期五）	

手穴按摩——活化大脑·调整身心

保持肌肤柔润有光泽！

▼为了拥有细腻的肌肤，首先要保证有规律的生活。

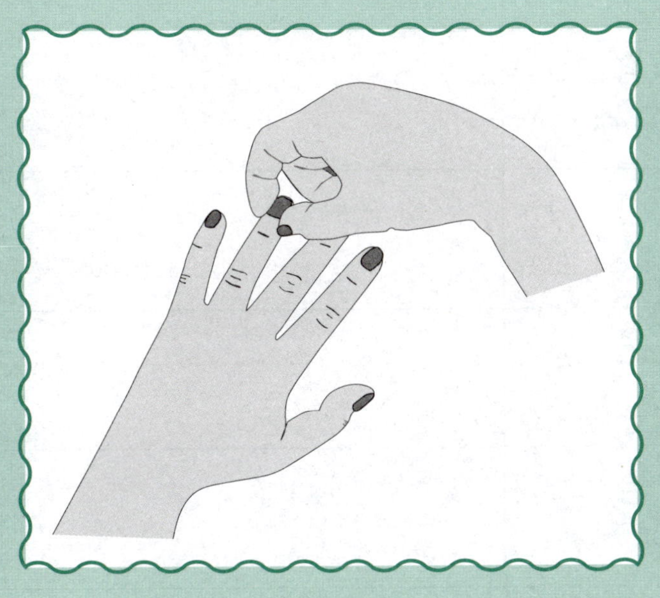

取穴及按压方法

无名指指甲靠小指一侧取穴。按摩时用两指尖夹住穴位揉按。

第　学期第　周　月　日－月　日

月　日 （星期一）	
月　日 （星期二）	
月　日 （星期三）	
月　日 （星期四）	
月　日 （星期五）	

手穴按摩——活化大脑·调整身心

缓解肩颈酸痛！

▼通常自己不容易按压到肩膀的穴位，那么用手穴来遥控吧，简单、有效！

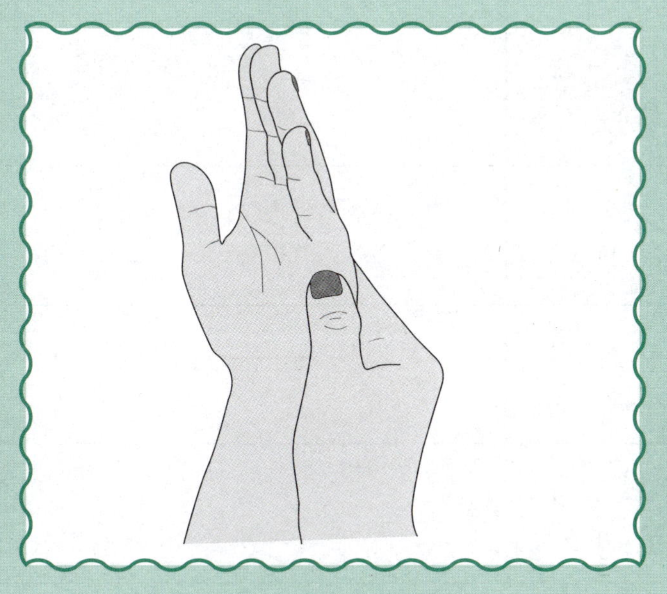

取穴及按压方法

在靠小指一侧的手掌侧面，可以摸到一块微微凸出的骨头，使劲按压骨下方的凹陷处，就是后溪穴。

第　学期第　周　月　日 – 月　日

月　日 （星期一）	
月　日 （星期二）	
月　日 （星期三）	
月　日 （星期四）	
月　日 （星期五）	

手穴按摩——活化大脑·调整身心

消除紧张性头痛！

▼肩膀僵硬导致的紧张性头痛，穴位按压配合适当运动效果好。

取穴及按压方法

手背向上，中指第二关节的食指一侧，即为头顶点穴。用另一只手的拇指和食指夹住，轻轻按揉。

第　学期第　周　月　日－月　日

月　日 （星期一）	
月　日 （星期二）	
月　日 （星期三）	
月　日 （星期四）	
月　日 （星期五）	

手穴按摩——活化大脑·调整身心

对头痛、牙痛都有效！

▼对于难以忍受的疼痛，应该记住的镇痛穴位。

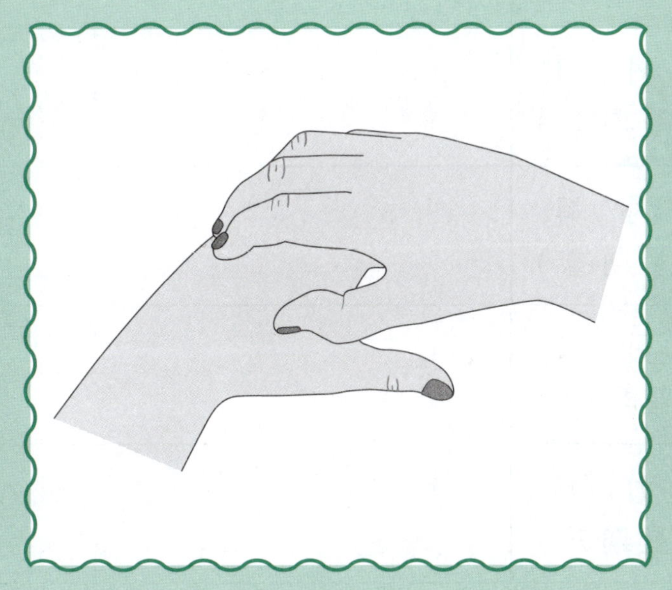

取穴及按压方法

穴位位于拇指和食指根部的交叉点，偏向食指侧的凹陷处。用另一只手的拇指对准穴位，向食指骨的内侧按压。

第　学期第　周　月　日－月　日

月　日 （星期一）	
月　日 （星期二）	
月　日 （星期三）	
月　日 （星期四）	
月　日 （星期五）	

手穴按摩——活化大脑·调整身心

解决偏头痛的困扰！

▼对于顽固的疼痛，还要注意平时的饮食调养。

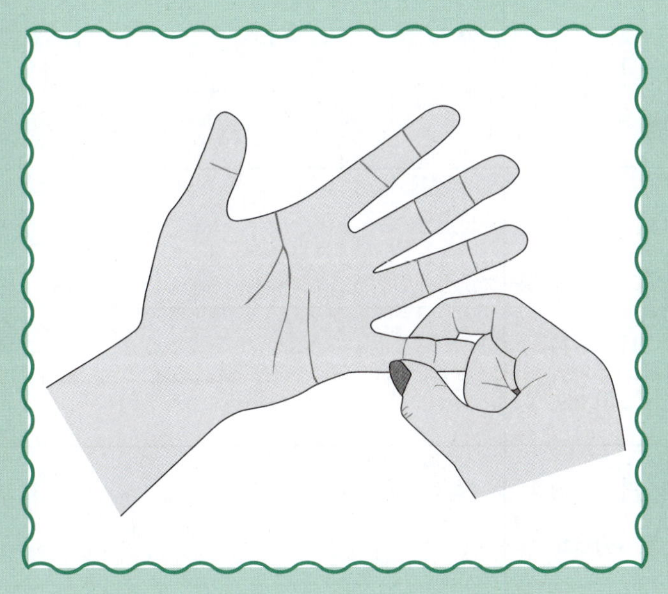

取穴及按压方法

掌心向上，在小指第二关节的外侧取穴。用另一只手的拇指和食指夹住，轻轻按揉。

第　学期第　周　月　日－月　日

日期	
月　日（星期一）	
月　日（星期二）	
月　日（星期三）	
月　日（星期四）	
月　日（星期五）	

手穴按摩——活化大脑·调整身心

消除手臂的慢性疲劳！

▼消除从手到肩的慢性疲劳。做做肩部的回旋运动也很有效。

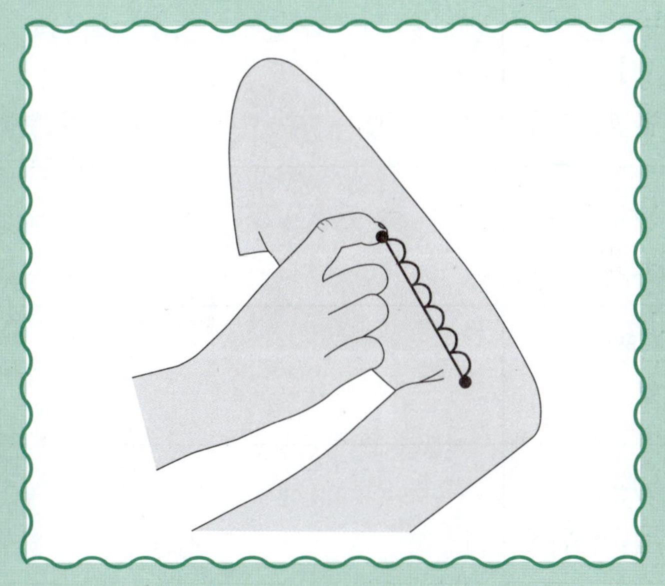

取穴及按压方法

上臂外侧，肘横纹尽头处上方六横指宽处。垂直于皮肤按压。

第　学期第　周　月　日－月　日

月　日 （星期一）	
月　日 （星期二）	
月　日 （星期三）	
月　日 （星期四）	
月　日 （星期五）	

手穴按摩——活化大脑·调整身心

解除肘关节的疼痛！

▼对于炎症引起的肘关节疼痛，轻柔地按摩即可起效。

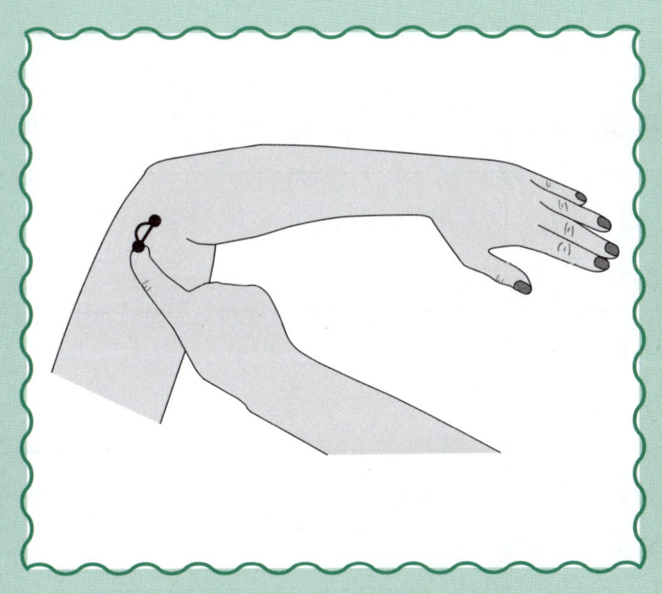

取穴及按压方法

上臂外侧，肘横纹尽头处往上一横指宽处取穴。垂直于皮肤按压。

第　学期第　周　月　日 – 月　日

月　日 （星期一）	
月　日 （星期二）	
月　日 （星期三）	
月　日 （星期四）	
月　日 （星期五）	

手穴按摩——活化大脑·调整身心

对付腰背痛，令你喜出望外！

▼整天坐着的人注意了：每隔一个小时要伸一下懒腰。

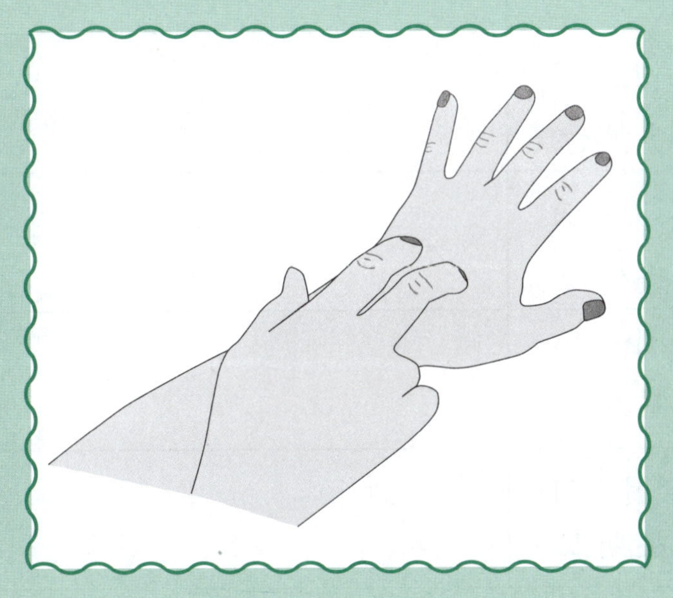

取穴及按压方法

手背向上，食指和中指骨交会的地方是第一腰腿点；小指和无名指交会的地方是第二腰腿点。按摩时，在骨与骨交会形成的V字凹陷处轻柔按摩。

第　学期第　周　月　日－月　日

月　日 （星期一）	
月　日 （星期二）	
月　日 （星期三）	
月　日 （星期四）	
月　日 （星期五）	

手穴按摩——活化大脑·调整身心

四十肩·五十肩的特效药！

▼适用于炎症引起的肩关节疼痛。

取穴及按压方法

手臂伸直时，在肩峰前下方出现的凹陷处取穴。以食指指腹向正下方使劲按压。

第　学期第　周　月　日－月　日

月　日 （星期一）	
月　日 （星期二）	
月　日 （星期三）	
月　日 （星期四）	
月　日 （星期五）	

手穴按摩——活化大脑·调整身心

迎接美好的一天！

▼调整自律神经，更好地发挥生物钟的作用！

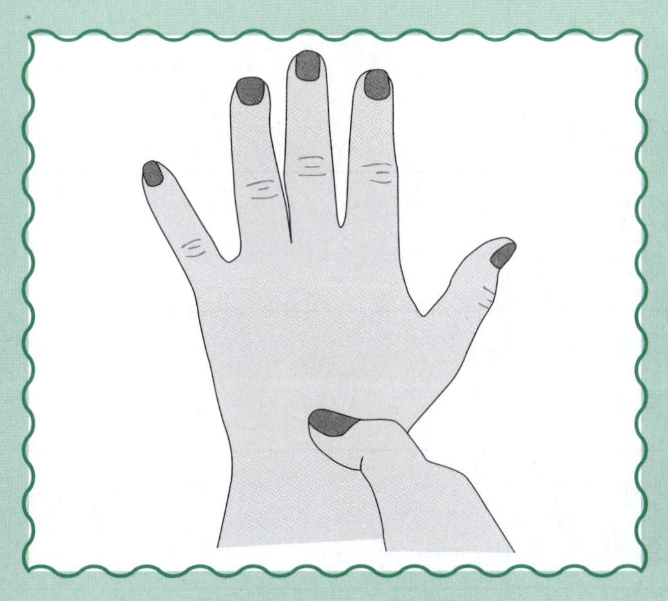

取穴及按压方法

手背向上，于手腕上折时出现的横纹中央取穴。用拇指垂直于皮肤按压。

第 学期第 周 月 日 — 月 日

月 日 （星期一）	
月 日 （星期二）	
月 日 （星期三）	
月 日 （星期四）	
月 日 （星期五）	

手穴按摩——活化大脑·调整身心

平抚烦躁情绪！

▼调整心理和精神状态的穴位，令人放松！

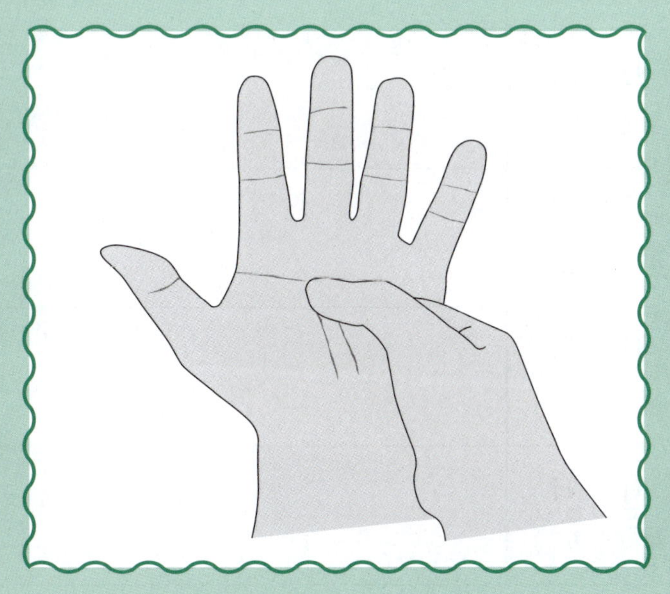

取穴及按压方法

微微握拳，中指与无名指之间，近手心处取穴。拇指放在劳宫穴上，朝指尖方向按压。

第　学期第　周　月　日 – 月　日

月　日 （星期一）	
月　日 （星期二）	
月　日 （星期三）	
月　日 （星期四）	
月　日 （星期五）	

手穴按摩——活化大脑·调整身心

赶跑烦恼与不安！

▼切忌一味忍耐，时时赞美努力的自己。

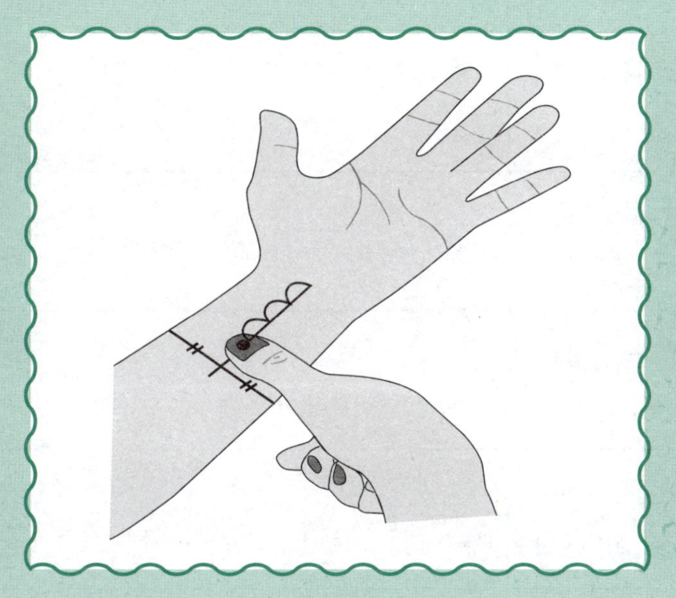

取穴及按压方法

掌心向上，手腕横纹的中央向上三横指宽处取穴。垂直于皮肤按压。

第　学期第　周　月　日－月　日

月　日（星期一）	
月　日（星期二）	
月　日（星期三）	
月　日（星期四）	
月　日（星期五）	

手穴按摩——活化大脑·调整身心

拯救低落的情绪！

▼转换低落的情绪很重要！学会放弃，从重压之下的脑疲劳中解脱出来。

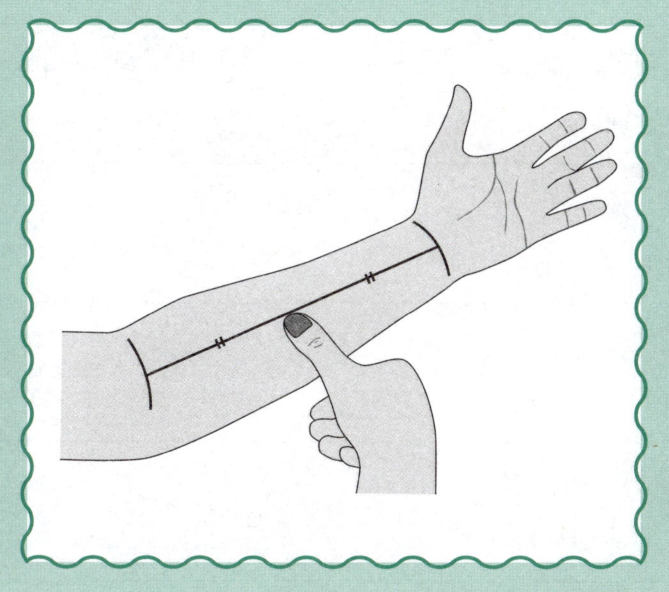

取穴及按压方法

手臂内侧，于手腕横纹与肘横纹连线的中点处取穴。用另一手的拇指指腹，对准手臂两肌腱中间的地方按压下去。

第　学期第　周　月　日－月　日

月　日 （星期一）	
月　日 （星期二）	
月　日 （星期三）	
月　日 （星期四）	
月　日 （星期五）	

手穴按摩——活化大脑·调整身心

专治无精打采！

▼心力交瘁时刺激交感神经，可以恢复元气，提高干劲，加油！

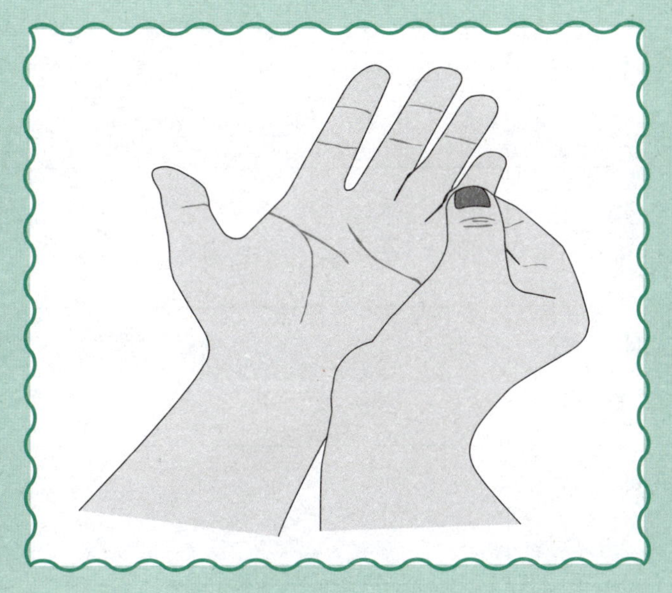

取穴及按压方法

掌心向上，小指第一关节的正中央处取穴。用另一只手的拇指轻轻按揉。

第　学期第　周　月　日－月　日

月　日 （星期一）	
月　日 （星期二）	
月　日 （星期三）	
月　日 （星期四）	
月　日 （星期五）	

手穴按摩——活化大脑·调整身心

改善更年期不适！

▼女性闭经前后易发生荷尔蒙平衡紊乱，按压穴位可以得到调整。当然也不要忘记多与朋友交流。

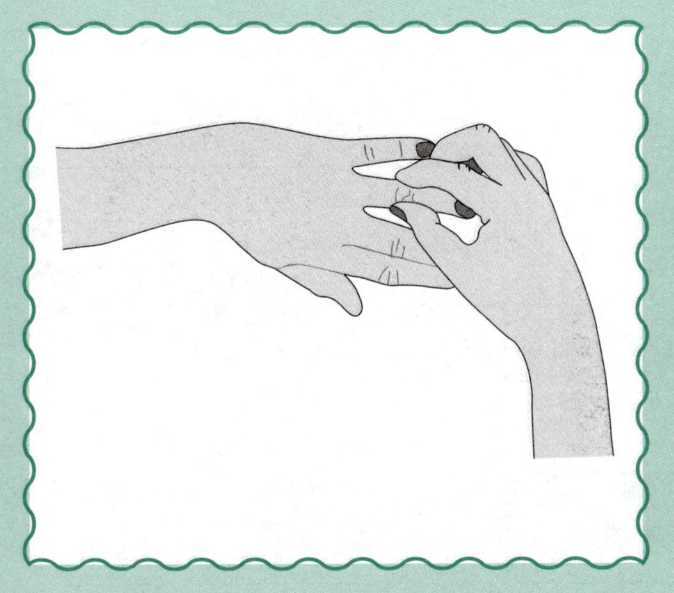

取穴及按压方法

手背向上，无名指第二关节的小指侧便是穴位。按摩时，用另一只手的拇指和食指夹住穴位所在区域轻轻按揉。

第　学期第　周　月　日－月　日

月　日 （星期一）	
月　日 （星期二）	
月　日 （星期三）	
月　日 （星期四）	
月　日 （星期五）	

手穴按摩——活化大脑·调整身心

解救自律神经失调！

▼改善身体种种不适。如果感到疲劳，就赶紧按一按吧。

取穴及按压方法

手臂外侧，肘横纹下方三横指宽处取穴。用拇指使劲向骨的内侧按压。

第　学期第　周　月　日—月　日

月　日 （星期一）	
月　日 （星期二）	
月　日 （星期三）	
月　日 （星期四）	
月　日 （星期五）	

手穴按摩——活化大脑·调整身心

速效退热！

▼当持续发烧不能好好休息时，赶快按鱼际穴吧。

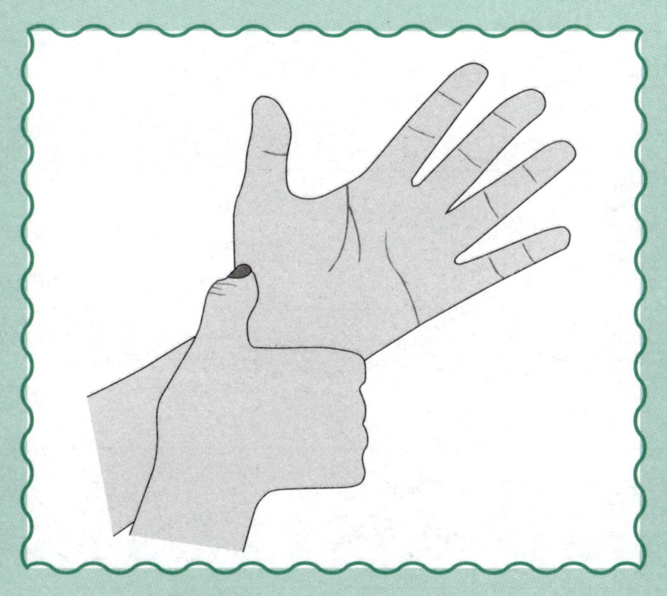

取穴及按压方法

掌心向上，在拇指下方手掌隆起处和手背的交接点取穴。用拇指垂直于皮肤按压。

第　学期第　周　月　日－月　日

月　日 （星期一）	
月　日 （星期二）	
月　日 （星期三）	
月　日 （星期四）	
月　日 （星期五）	

手穴按摩——活化大脑·调整身心

镇咳！

▼咳嗽是身体排出病菌的自然反应，但如果咳得厉害，就试试穴位镇咳吧。

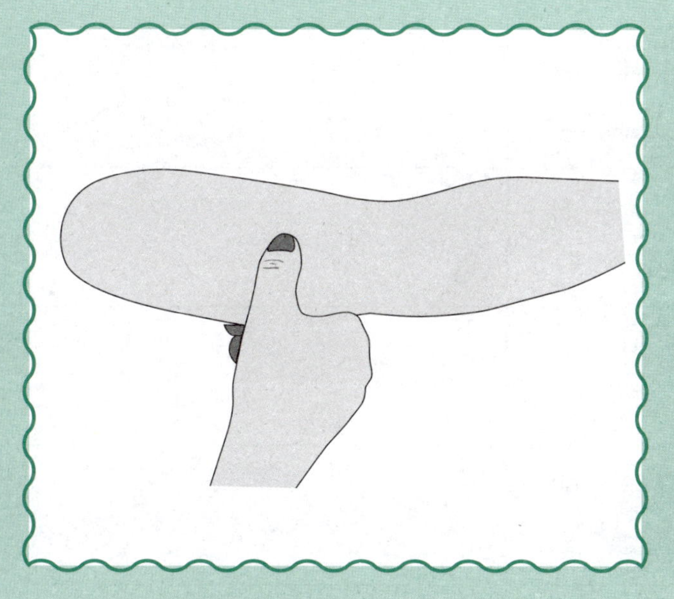

取穴及按压方法

上臂用力时隆起的肌肉的顶点，就是侠白穴的位置。用拇指轻轻按揉。

第　学期第　周　月　日 — 月　日

月　日 （星期一）	
月　日 （星期二）	
月　日 （星期三）	
月　日 （星期四）	
月　日 （星期五）	

手穴按摩——活化大脑·调整身心

消除嗓子干痒！

▼嗓子干痒不适，常常和病毒有关，一定要生活有规律。

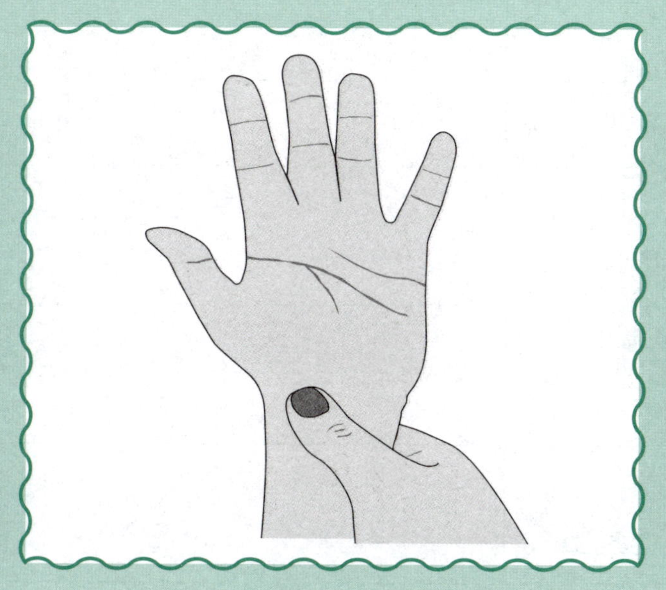

取穴及按压方法

手掌打开，另一只手的拇指沿拇指下滑到与手腕横纹相交处，此处稍凹陷，即是太渊穴。按摩时稍用力朝掌心方向按。

第　学期第　周　月　日－月　日

月　日 （星期一）	
月　日 （星期二）	
月　日 （星期三）	
月　日 （星期四）	
月　日 （星期五）	

手穴按摩——活化大脑·调整身心

感冒喉咙疼的特效药！

▼按压尺泽穴，提高抵抗力，不容易感冒。

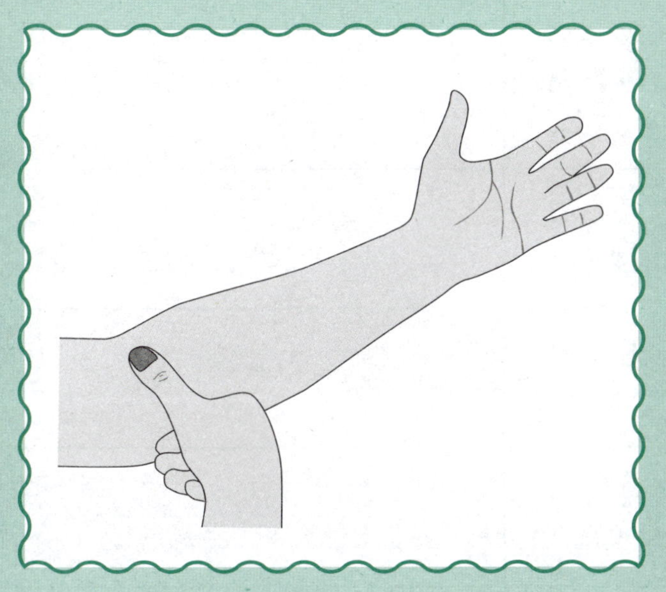

取穴及按压方法

曲肘成直角，肘横纹外侧尽头处为曲池穴，由曲池穴沿肘横纹向内侧移动两横指宽处有一凹陷，便是尺泽穴。按摩时，拇指对准穴位往深处按压。

第　学期第　周　月　日－月　日

月　日 （星期一）	
月　日 （星期二）	
月　日 （星期三）	
月　日 （星期四）	
月　日 （星期五）	

手穴按摩——活化大脑·调整身心

轻松止泻！

▼习惯性腹泻大多是大脑紧张的缘故。尽量放松下来吧。

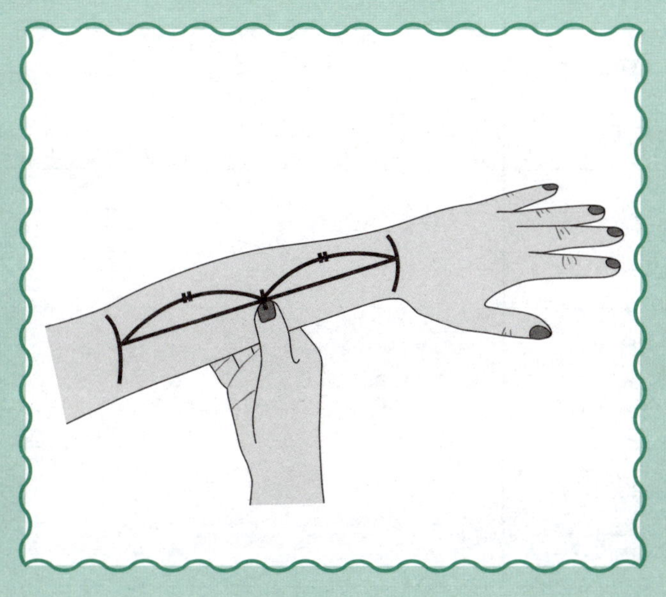

取穴及按压方法

手臂外侧，腕横纹与肘横纹连线的中点处取穴。按摩时沿骨缘内侧按压。

第　学期第　周　月　日－月　日

月　日 （星期一）	
月　日 （星期二）	
月　日 （星期三）	
月　日 （星期四）	
月　日 （星期五）	

手穴按摩——活化大脑·调整身心

有效改善便秘！

▼定时如厕，让每天的生活规律起来，养成良好的生活习惯很重要。

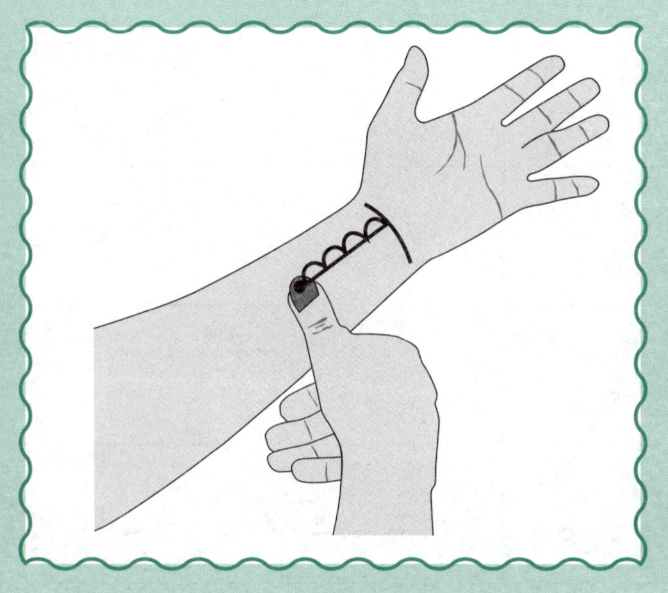

取穴及按压方法

掌心向上，手腕横纹中央向上四横指宽处取穴。垂直于皮肤按压。

第　学期第　周　月　日 — 月　日

月　日 （星期一）	
月　日 （星期二）	
月　日 （星期三）	
月　日 （星期四）	
月　日 （星期五）	

手穴按摩——活化大脑·调整身心

健胃整肠，促进消化！

▼排便情况是健康的晴雨表。如果腹泻或便秘长期没有改善，请审视你的生活方式。

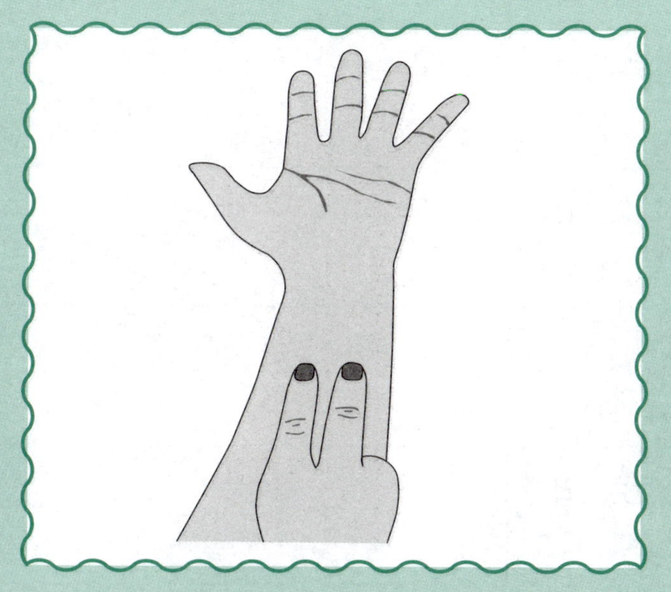

取穴及按压方法

掌心向上，从腕横纹到肘横纹的连线分成3等份，在靠近腕横纹的1/3处，找出通向手腕中央的筋，二白穴就位于这条筋的两侧。用食指和中指按压。

第　学期第　周　月　日－月　日

月　日 （星期一）	
月　日 （星期二）	
月　日 （星期三）	
月　日 （星期四）	
月　日 （星期五）	

手穴按摩——活化大脑·调整身心

调整胃肠功能！

▼腹泻、便秘是自律神经紊乱导致的。要注意调整你的生活方式。

取穴及按压方法

食指指甲的根部，靠近拇指的那一侧取穴。用另一只手的拇指和食指夹住穴位，轻轻按揉。

第　学期第　周　月　日—月　日

月　日 （星期一）	
月　日 （星期二）	
月　日 （星期三）	
月　日 （星期四）	
月　日 （星期五）	

手穴按摩——活化大脑·调整身心

治疗痔疮！

▼调整自律神经，轻松如厕，防治痔疮。

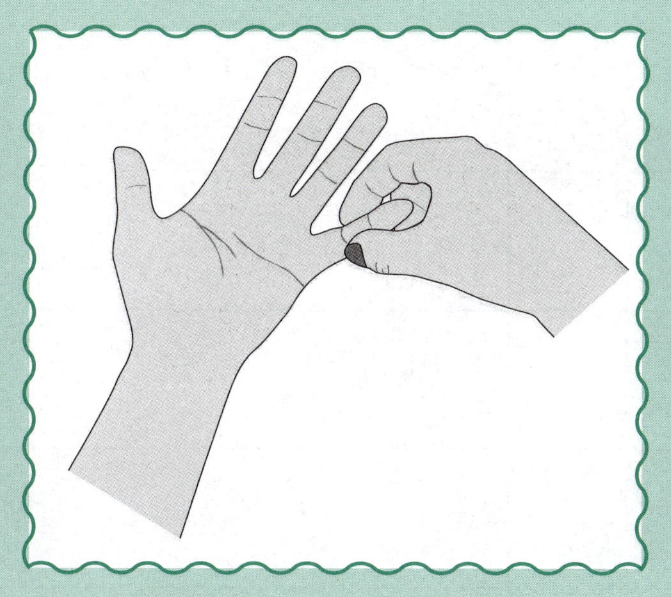

取穴及按压方法

掌心向上，于小指第二关节的无名指侧取穴。用另一只手的拇指和食指夹持，轻轻按揉。

第　学期第　周　月　日－月　日

月　日 （星期一）	
月　日 （星期二）	
月　日 （星期三）	
月　日 （星期四）	
月　日 （星期五）	

手穴按摩——活化大脑·调整身心

缓解视疲劳！

▼每看 1 小时电脑休息 10 分钟。只要坚持就可以缓解视疲劳。

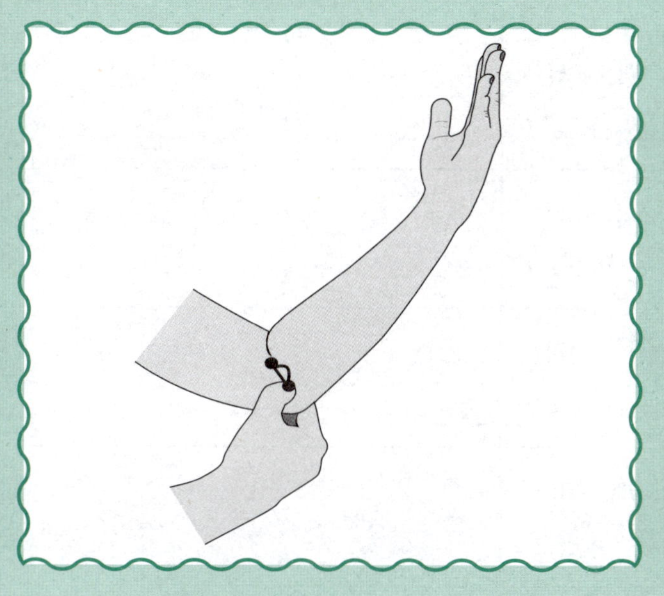

取穴及按压方法

屈肘，肘横纹小指一端向外一横指宽处取穴。用另一只手的拇指对准穴位深按。

第　学期第　周　月　日 — 月　日

月　日 （星期一）	
月　日 （星期二）	
月　日 （星期三）	
月　日 （星期四）	
月　日 （星期五）	

手穴按摩——活化大脑·调整身心

改善食欲不振！

▼吃饭时让大脑也休息一下。快乐用餐，有益健康。

取穴及按压方法

手背向上，把手腕横纹分成四等份，于靠近拇指一侧的 1/4 处取穴。用对侧拇指用力按。

第　学期第　周　月　日 — 月　日

月　日 （星期一）	
月　日 （星期二）	
月　日 （星期三）	
月　日 （星期四）	
月　日 （星期五）	

手穴按摩——活化大脑·调整身心

改善寒凉体质！

▼调节自律神经，促进血液循环，让身体暖暖和和的。

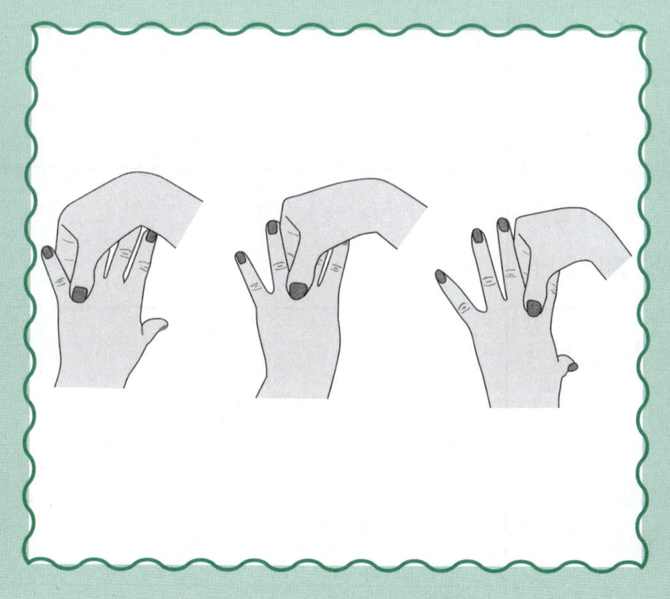

取穴及按压方法

手背向上，从食指到小指，每个指间都有指间穴。用对侧拇指按住这些两指之间的部位，向深处按压。

第　学期第　周　月　日 — 月　日

月　日 （星期一）	
月　日 （星期二）	
月　日 （星期三）	
月　日 （星期四）	
月　日 （星期五）	

手穴按摩——活化大脑·调整身心

对落枕有效！

▼落枕，又称之为失枕。按压落枕穴可以舒缓颈肩不适。

取穴及按压方法

手背向上，沿着食指和中指指骨交叉的地方，向手指方向推约一横指宽处取穴。垂直于皮肤按压。

第 学期第 周 月 日 — 月 日

月 日 （星期一）	
月 日 （星期二）	
月 日 （星期三）	
月 日 （星期四）	
月 日 （星期五）	

手穴按摩——活化大脑·调整身心

有效止住鼻血！

▼急性鼻出血可按压天府穴。为强化鼻腔血管，要多摄入优质蛋白。

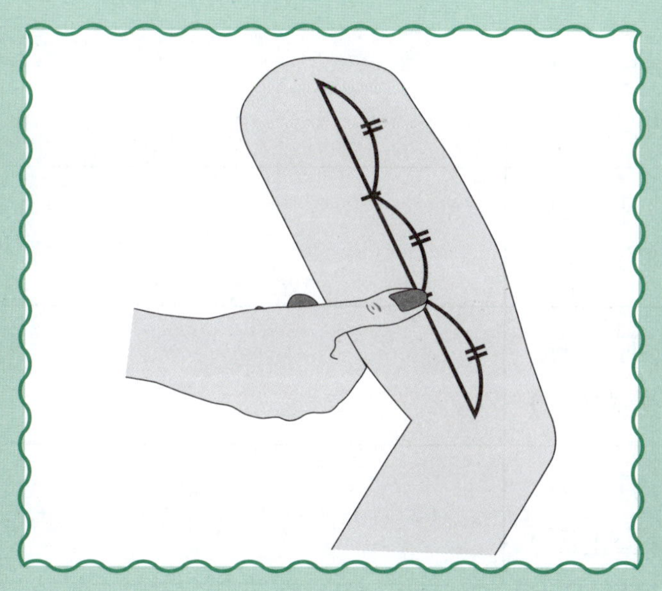

取穴及按压方法

将肩膀与肘关节之间的距离分成三等份，在从肘关节算起的第一个1/3处取穴。拇指垂直于皮肤按压。

第　学期第　周　月　日－月　日

月　日 （星期一）	
月　日 （星期二）	
月　日 （星期三）	
月　日 （星期四）	
月　日 （星期五）	

手穴按摩——活化大脑·调整身心

消除恼人的耳鸣！

▼要学会每天释放压力，不要被压力压垮。

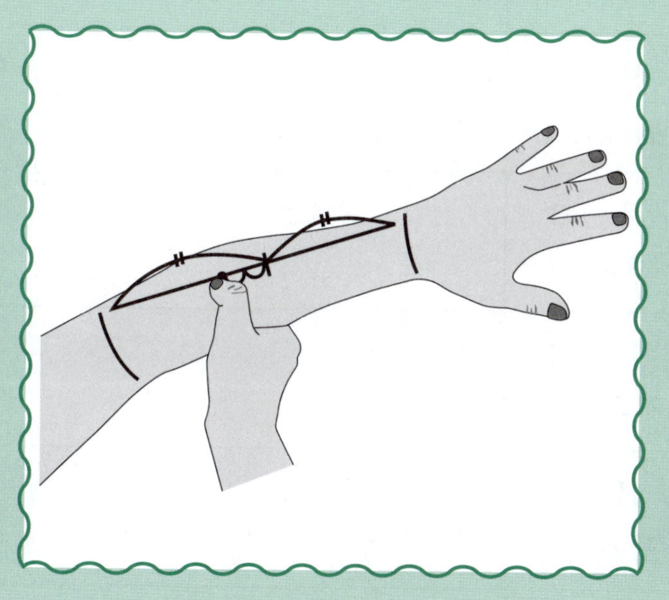

取穴及按压方法

手背向上，在腕横纹和肘横纹连线的中点，向肘关节方向推二横指宽处取穴。用拇指指腹按压。

第　学期第　周　月　日－月　日

月　日 （星期一）	
月　日 （星期二）	
月　日 （星期三）	
月　日 （星期四）	
月　日 （星期五）	

手穴按摩——活化大脑·调整身心

和鼻痒说再见！

▼心情好，呼吸也变得顺畅。深呼吸，放松一下。

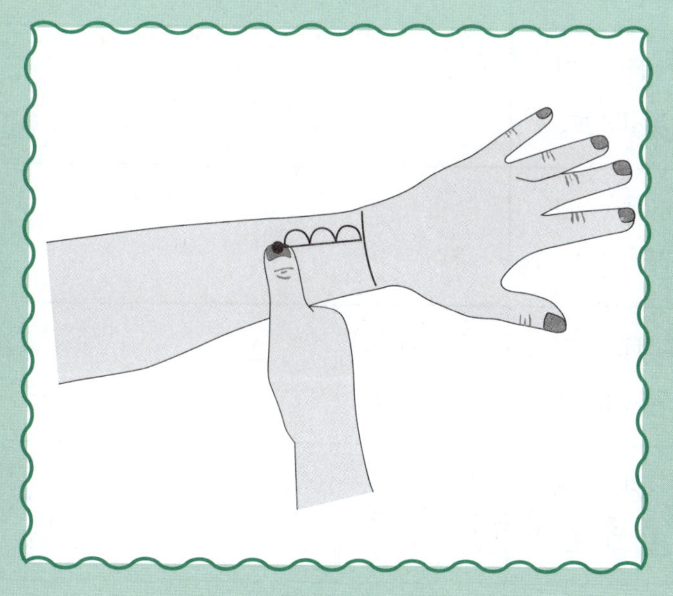

取穴及按压方法

手背向上，从手掌上折时手腕出现的横纹中央，往肘关节方向推三横指宽处取穴。垂直于皮肤按压。

第　学期第　周　月　日－月　日

月　日 （星期一）	
月　日 （星期二）	
月　日 （星期三）	
月　日 （星期四）	
月　日 （星期五）	

手穴按摩——活化大脑·调整身心

抑制皮肤干痒！

▼首先要注意保湿。按压穴位可以促进血液循环，预防皮肤粗糙。

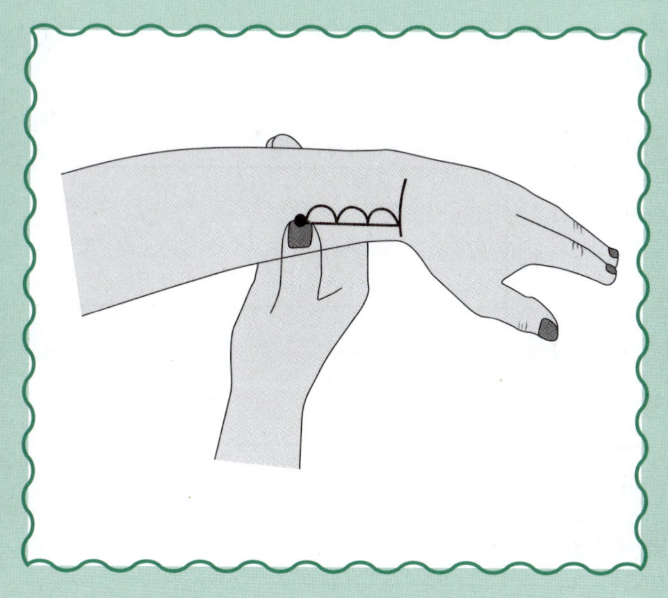

取穴及按压方法

掌心向下，从腕横纹沿拇指根部向肘关节方向推三横指宽处取穴。用对侧拇指按压骨的边缘。

第　学期第　周　月　日 — 月　日

月　日 （星期一）	
月　日 （星期二）	
月　日 （星期三）	
月　日 （星期四）	
月　日 （星期五）	

手穴按摩——活化大脑·调整身心

对抗过敏有效！

▼按压手穴，改善过敏体质。

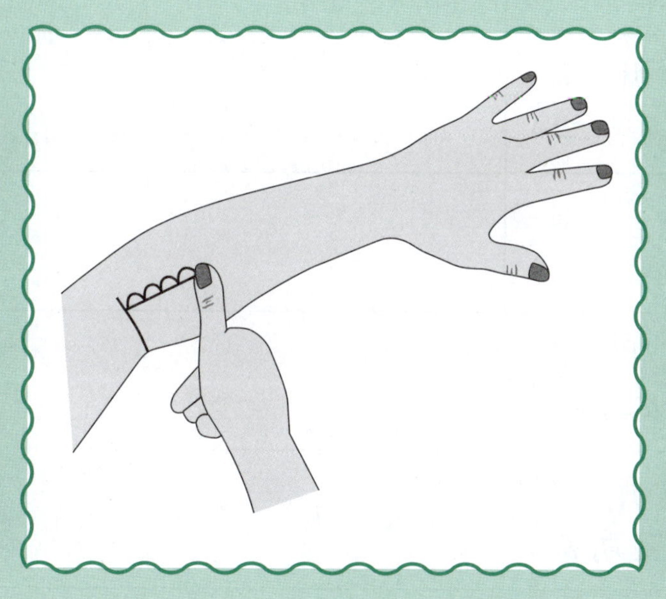

取穴及按压方法

肘横纹拇指侧，往手掌方向四横指宽处取穴。用拇指向桡骨侧缘按压。

第　学期第　周　月　日－月　日

月　日 （星期一）	
月　日 （星期二）	
月　日 （星期三）	
月　日 （星期四）	
月　日 （星期五）	

手穴按摩——活化大脑·调整身心

告别过敏性鼻炎！

▼按压少商穴可以提高免疫力，防治过敏性鼻炎。

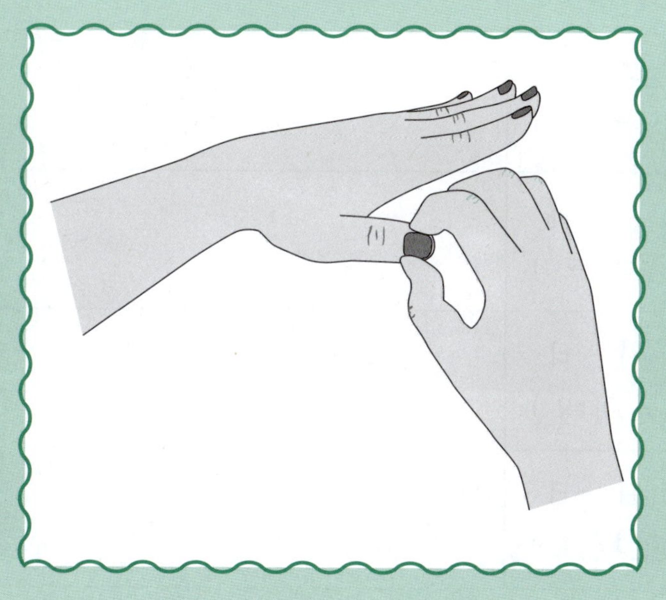

取穴及按压方法

手背向上，拇指指甲外侧，从指甲根往上推2毫米处取穴。用另一手拇指、食指夹持，轻轻按揉。

第 学期第 周 月 日 — 月 日

月 日 （星期一）	
月 日 （星期二）	
月 日 （星期三）	
月 日 （星期四）	
月 日 （星期五）	

手穴按摩——活化大脑·调整身心

专治痤疮与荨麻疹！

▼对难缠的皮肤疾患，需调整荷尔蒙平衡，请按曲池穴。

取穴及按压方法

曲肘成直角，肘横纹尽头处取穴。用另一手拇指放在穴位处沿着骨的边缘凹陷处往内按压。

第　学期第　周　月　日－月　日

月　日 （星期一）	
月　日 （星期二）	
月　日 （星期三）	
月　日 （星期四）	
月　日 （星期五）	

手穴按摩——活化大脑·调整身心

有效防治高血压！

▼高血压容易引起其他疾病，平时应密切观察血压数值的变化。

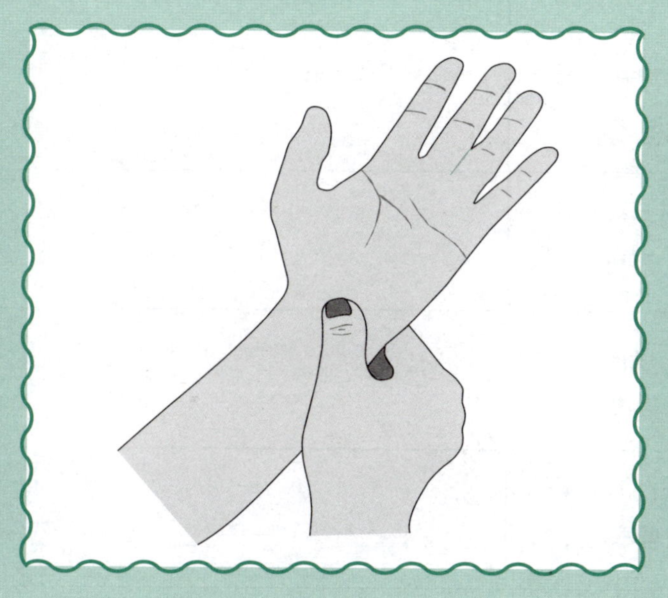

取穴及按压方法

掌心向上，在腕横纹的正中央取穴。垂直于皮肤按压。

第　学期第　周　月　日－月　日

月　日 （星期一）	
月　日 （星期二）	
月　日 （星期三）	
月　日 （星期四）	
月　日 （星期五）	

手穴按摩——活化大脑·调整身心

调控血压的好帮手！

▼自律神经在血压的调控中发挥重要作用。

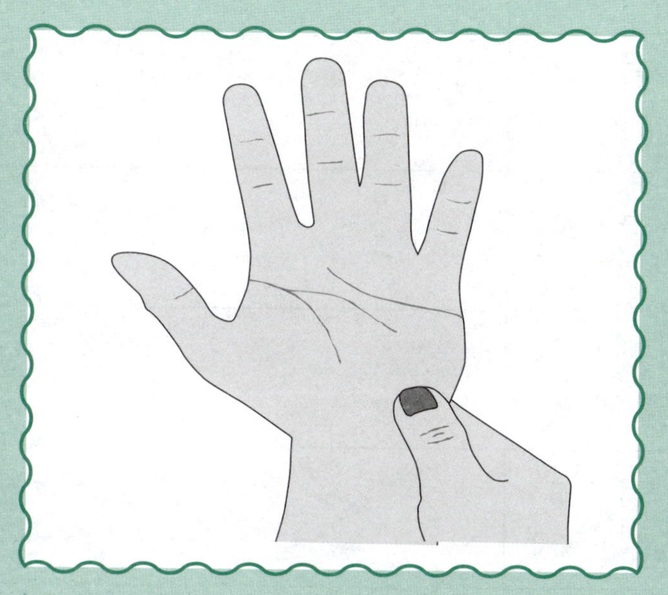

取穴及按压方法

沿小指骨往下，与腕横纹相交处的凹陷点即是神门穴。用另一手拇指按住穴位往掌心方向推。

第　学期第　周　月　日－月　日

月　日 （星期一）	
月　日 （星期二）	
月　日 （星期三）	
月　日 （星期四）	
月　日 （星期五）	

手穴按摩——活化大脑·调整身心

促进血液循环！

▼良好的血液循环是健康之本。让我们都拥有健康畅流的血液吧。

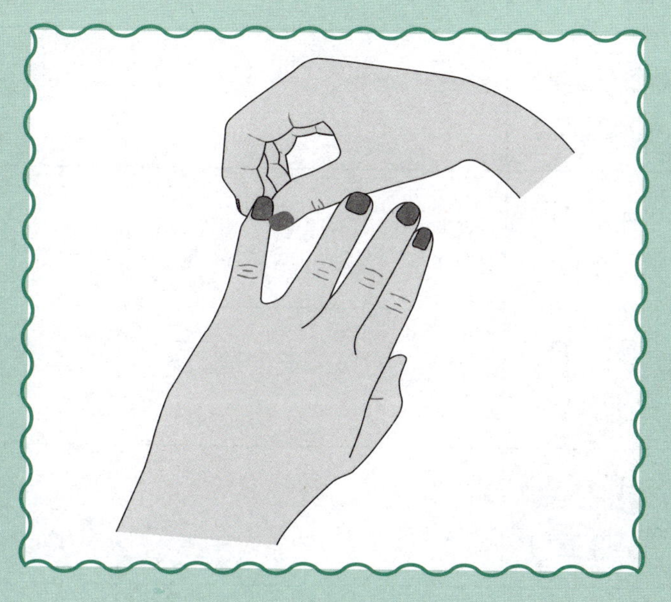

取穴及按压方法

于小指指甲根外侧取穴。夹住指尖按揉。

第　学期第　周　月　日－月　日

月　日 （星期一）	
月　日 （星期二）	
月　日 （星期三）	
月　日 （星期四）	
月　日 （星期五）	

手穴按摩——活化大脑·调整身心

安定心悸！

▼协调自律神经，平衡荷尔蒙，调整心律与呼吸。

取穴及按压方法

手背向上，于小指指甲角的无名指一侧取穴。用另一只手的拇指和食指夹持，轻轻按揉。

第　学期第　周　月　日－月　日

月　日 （星期一）	
月　日 （星期二）	
月　日 （星期三）	
月　日 （星期四）	
月　日 （星期五）	

手穴按摩——活化大脑·调整身心

治疗气喘！

▼缓解严重鼻塞，让呼吸顺畅，心情也变得快乐。

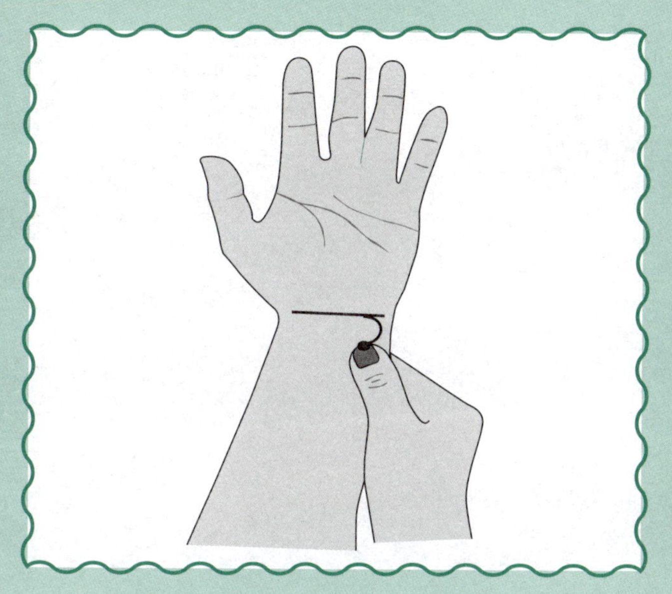

取穴及按压方法

手心向上，于腕横纹小指一侧，向肘关节方向推一横指宽处取穴。用另一只手的拇指沿骨的边缘向内按压。